Horst Stern, Jahrgang 1922, ist Journalist. Er arbeitete für Zeitungen, Zeitschriften und für die Hörspiel- und Schulfunkredaktionen des Süddeutschen Rundfunks. Seit 1969 trat er mit mehr als zwanzig, nicht selten aufsehenerregenden Fernsehfilmen über Tier-Mensch-Beziehungen und den Zustand der Natur, besonders des Waldes, hervor. Mehrere Bücher zum gleichen Themenkreis erschienen parallel dazu.
Für die Brillanz seines Stils und die Seriosität seiner Arbeitsinhalte wurde Horst Stern mit vielen, auch literarischen und wissenschaftlichen Ehrungen ausgezeichnet.

Dieser Band dokumentiert zwei Reportagen aus den frühen siebziger Jahren, die Fernsehgeschichte machten.

Der Verlag bedankt sich beim Süddeutschen Rundfunk Stuttgart, insbesondere Herrn Stelse, ohne den dieses Buch nicht zustande gekommen wäre.

Von Horst Stern sind ebenfalls als Knaur-Taschenbücher erhältlich:

»Mann aus Apulien« (Band 2044)
*»Bemerkungen über das Tier im Handel/
Bemerkungen über das Hausschwein«* (Band 3990)

Originalausgabe 1989

Umschlaggestaltung Norbert Dallinger
Umschlagfoto Isolde Ohlbaum
Satz Appl, Wemding
Reproduktion Fotolito Longo, Bozen
Druck und Bindung Appl, Wemding
Printed in Germany 5 4 3 2 1
ISBN 3-426-03989-3

Sterns Stunden

Bemerkungen über eine Urlaubslandschaft

Bemerkungen über den Rothirsch

Mit über 100 farbigen Abbildungen

Knaur

Inhalt

Bemerkungen über eine Urlaubslandschaft

*Wer Alpen sagt,
muß auch Bauer sagen*

Es ist endlich der oft gesungene und noch öfters gedruckte Irrtum auszurotten, der Alpenraum sei noch so etwas wie unberührte Urnatur. Das Gegenteil stimmt. Was unter 2000 Meter Höhe liegt, ist seit 1000 Jahren stark genutzt, der einst geschlossene Wald im Mittelalter zu Almen und Bergwiesen gerodet. Eine Kulturlandschaft also, von Mensch und Tier in einem Zustand erhalten, den als lieblich, als erholsam zu empfinden wir uns angewöhnt haben.
Ganz Bayern, so ironisierte der Schriftsteller Walter von Cube das Bayernbild der Touristen, sei voller Alpen, die Alpen voller Almen, die Almen voller Sennerinnen und diese voller Unschuld. Dies Zerrbild indessen stammt von

den Bayern selber. 300 000 von ihnen, die Hälfte der Bevölkerung des bayerischen Alpenraums, verdanken ihre Existenzgrundlage den Fremden. Und weil eine hiesige Bauernweisheit sagt, daß dort, wo keine Kuh mehr grast, auch kein Preuß' mehr spazierengeht, spielen die Einheimischen den Fremden mit Tracht und Trara eine heile bäuerliche Welt vor, die auch hier längst an den Wohlstands- und Komforterwartungen der modernen Industriegesellschaft zerbrach. Die Wahrheit hinter dem schönen Schein wird nur in den Hinterzimmern der Bierwirtschaften sichtbar, wenn Bergbauern als Außenseiter der Wohlstandsgesellschaft mit Politikern bitter und zornig ihr Schicksal diskutieren.

DR. HANS EISENMANN

(1971 bayerischer Staatsminister für Ernährung, Landwirtschaft und Forsten):

Wir haben, nicht nur auf Grund unserer allgemeinen Kenntnis, sondern auf Grund der Buchführungsergebnisse festgestellt, daß die Rentabilität der Landwirtschaft in den Grünlandgebieten, besonders in den Gebirgslagen, ganz ungenügend ist, daß das Einkommen etwa nur die Hälfte beträgt im Vergleich zu Hackfruchtbaugebieten und daß eben auf Grund dieser Tatsache hier die Land- und Forstwirtschaft teilweise aufgegeben wird, die Abwanderung aus der Landwirtschaft sehr stark ist und daß wir uns daher Gedanken machen mußten, wie das weitergehen soll.

Soll also in Zukunft, wo keine Kuh mehr grast, der Almbauer als staatlicher Landschaftspfleger dienen, damit nicht eine Unkrautsteppe die Fremden vertreibt?

DR. EISENMANN:

Ich hab vorhin vergessen, das genauer zu erklären. Wir haben ja Modelle, Modellvorhaben im Spessart, um festzustellen, was die hauptamtliche Landschaftspflege kosten würde, und haben dabei als Ergebnis ermittelt, daß bei einmaligem Mähen pro Jahr der Hektar kostet zwischen 200,– und 300,– Mark.

Darum ist das finanziell gar net darstellbar, daß wir in Zukunft, beispielsweise in Bayern, eine Million Hektar durch hauptamtliche Landschaftsgärtner erhalten würden. Das kostet also, würde kosten, zwischen 200 und 300 Millionen Mark, die Landschaftspflege von einer Million Hektar in Bayern durch hauptamtliche Landschaftsgärtner.

HELMUT SILBERNAGL

(1971 Geschäftsführer Almwirtschaftlicher Verein):

Wer von den anwesenden Almbauern wäre nun bereit, hauptamtlich Landschaftspflege zu betreiben?

DR. EISENMANN:

Oder sagt's es auf die andere Weise: Wollt's ihr

noch freie Bauern bleiben? Wollt's ihr mal Staatsangestellte sein und Landschaftsgärtner?

1.BAUER:
Herr Minister, mir san ja freie Bauern, sind mir eigentlich ja in dem Sinn sowieso schon nicht mehr. Mir leben ja nur noch von Beihilfen. Gebt's uns anständige Preise für unsere Produkte, dann brauchen wir keine Beihilfen.

2.BAUER:
Wer weiß, wie schwierig es für an Almbauer is, ohne einen Weg zu wirtschaften. Das haben wir ja gestern wieder erfahren, als wir eine Kuh notschlachten mußten und das Fleisch mit 8 Mann

weite Strecken tragen mußten, und auch das muß mit berücksichtigt werden, der Almbauer muß mit schweren Verlusten rechnen. Es ist wirklich nicht leicht, Almbauer zu sein.

An solchen Hängen wird deutlich, warum die Bergbauern den Flachlandbauern in der Kostenkonkurrenz hoffnungslos unterlegen sind. In Brüssel, wo für Europa die zur Agrarfabrik tendierende grüne Politik gemacht wird, erinnerte man sich erst spät, daß Europa auch Berge hat.

Für die Jungen ist die Sense museumsreif. Was sich nicht mit der Maschine bearbeiten läßt, das bleibt liegen. Um sie bezahlen zu können, arbei-

tet dieser Bauer tagsüber im öffentlichen Dienst. Was Urlaub ist, das erzählen ihm seine Sommergäste.
In den vergangenen 20 Jahren wurden in Bayern 160 Almen aufgegeben. In den kommenden 20 Jahren werden es noch einmal 360 weniger werden.
1160 Almen sind heute noch bewirtschaftet. Weil es Milch im Überfluß gibt, fördert das Münchner Landwirtschaftsministerium mit Prämien vor allem die Jungviehhaltung auf den Almen. So stehen sommers nur noch 6000 Stück Milchvieh in den bayerischen Bergen, gegenüber 51 000 Stück Jungvieh.
Senn und Sennerin haben meist vergreiste Gesichter. Hier herauf bringt man niemand mehr, der sein Leben noch vor sich hat.
Wetterstürze in diesen Höhen sind nichts Seltenes. Dann hausen Mensch und Vieh unter einem Dach.
Wenn die Schutz suchenden Forstbeamten gegangen sein werden, ist die Altbäuerin mit ihrem primitiven Leben wieder allein. Nur auf dem Glanzpapier der Fremdenverkehrsprospekte ist dies Leben romantisch.
Bis zu einer Milliarde Mark pro Jahr lassen die Fremden in den bayerischen Bergen liegen – ein Umsatz von fast 2000 Mark pro Kopf der Einheimischen.
Aber während sie sich öffentlich darüber vor

Jungvieh auf der Alm

Mensch und Vieh unter einem Dach

Freude noch die Schenkel schlagen, diskutieren sie im Hinterzimmer schon die Lebensfrage, ob die Fremden wohl auch dann noch kommen werden, wenn das Grün der aufgegebenen Matten sich in das ungepflegte Gelb der Unkrautsteppe verwandelt haben wird.

1. BAUER:

Und es verbittert einen manchmal, wenn man da erfährt, wie schwer es eigentlich einem der Naturschutz macht. Weil eigentlich sollte ja der Naturschutz mit uns arbeiten. Wir sind doch die Naturschützer, wir sind hier zu Hause. Unsere Vorfahren haben die Almen gerodet, und wir haben diese Wege instand gesetzt, die provisori-

schen Wege bloß, die Wanderwege, nicht die Naturschützer. Und zum größten Teil brauchen wir diese Wege, damit wir auch unser Vieh treiben, oben; wir haben sehr unwegsame Almen. Und wenn da oben eben kein Weg ist, dann kann man ja fast nicht mehr wirtschaften bei den heutigen Zeiten.

HUBERT WEINZIERL:

Meine Herren, es besteht auch unter vernünftigen Naturschützern kein Zweifel darüber, daß der größte Teil unserer Landschaften draußen als Kulturlandschaften erhalten und von Land- und Forstwirten betreut werden muß. Wir sehen nur eine Gefahr darin, daß wegen ein paar aus der Produktion ausscheidenden Almen das Problem hochgespielt wird. Genauso, wie wir eine Gefahr darin sehen, daß in unsachlicher Weise oft behauptet wird, daß unsere deutschen Lande versteppen und verfinstern, wenn irgendwo ein paar tausend Hektar Land brachfallen.

2. BAUER:

Wenn der bayerische oberlandische Bauer nimmer seine Küh halten kann, dann macht er auch nimmer weiter in der Landschaftspflege, er mäht die Wiesen nicht mehr, er fahrt höchstens mit dem Rasenmäher noch ums Haus rum und macht so sauber, aber sonst nix mehr.

Die Grenze zwischen gepflegtem Kulturland und sozial verursachter Brache markiert sich scharf. Wo ein Weidezaun das Vieh vom immer steiler werdenden Hang fernhält, schießt die Vegetation geil ins Kraut. In manchen Lagen – keineswegs in allen – setzt Erosion ein. Geröll und Fels treten zutage.
Die Ursache ist umstritten. Der Münchner Bodenkundler Professor Laatsch sagt, die horizontalen Weidegänge der Kühe ebneten sich nach Aufgabe der Almen ein und verlören ihren

Bremseffekt für den schürfenden Schnee, der auf dem umgeknickten langen Gras eine gute Gleitbahn habe. Indem er kleine Bäume entwurzle, öffne er die Vegetationsdecke. Der Sommerregen besorge den Rest. Der Münchner Ingenieurbiologe Dr. Johann Karl sagt, die ungemähten langen Gräser würden in den Schnee fest einbacken. Gleite er im Frühjahr dann talwärts, so würde dem Berg die Vegetationsdecke abgezogen wie einst dem nordamerikanischen Siedler der Skalp.
Die Dramatik beginnt als Idylle. Allenthalben in den Bergen stehen Almhütten leer, oder sie verfallen. Pensionäre und Stadtmenschen nisten sich für nie zuvor gezahlte 2000 Mark Jahres-

Horizontale Weidegänge der Kühe

Geröll und Fels treten zutage

miete in ihnen ein, lassen zum Gras auch noch das eigene Kraut ins Kraut schießen und pflegen ihren zivilisationskranken Leib, die Natur dabei genüßlich wiederkäuend.

Für die Naturschützer und Ökologen ist die Brache das neue Paradies, verwandelt sich doch die Monokultur der Weide, die nur der Kuh nützt, allmählich zurück zu einem lange nicht mehr gekannten gleichgewichtigen Artenreichtum der Pflanzen und der Kleintiere.

Das Rezept des Naturschutzes gegen die Brache ist deshalb das Liegenlassen, das keinen Pfennig kostet. Wer freilich, wie der Fremdenverkehr, mit der Optik dieser Landschaft jährlich Hunderte von Millionen Mark erwirtschaften muß, der fragt nicht nach der natürlichen Gleichgewichtigkeit der Landschaft, sondern nach ihrer Ästhetik. Der Gast will die gewohnte Harmonie aus Wald und Weide, aus Schatten und Sonne. Und just diese Harmonie ist bedroht durch Wald, der am Ende die aufgegebenen Grünlandflächen zurückbekommt.

Das ginge noch an, wäre der neue Wald ein natürlich entstehender Mischwald. Aber es wird meist ein Kunstforst sein aus reiner Fichte. Öffentliche und private Hände bauen auf den verlassenen Flächen ihre Holzfabriken der Zukunft.

Die Musik dieser Wälder wird einst das Heulen der Motorsägen sein. Herrliche Höhenwander-

wege werden in der Düsternis heranwachsender Fichtenwüsten versinken. Der Bevölkerung fehlt es an Wissen oder an Vorstellungskraft, meist an beidem, um sich ein realistisches Bild davon zu machen, wie diese derzeit noch niedlichen Christbaumwälder in 50 oder 60 Jahren sehr oft aussehen werden ... Nämlich so ...

Die Alpen sind Europas größter Wasserspeicher.
Das Erdreich unter dem Fichtenreinbestand aber läßt die hohen Niederschläge im Gebirge zum großen Teil landschaftszerstörend an der Oberfläche abfließen, weil der Wurzelgrund unter einer nur dünnen Rohhumusschicht versäuert und verkittet ist.

Im natürlichen Bergmischwald aus Tanne, Fichte, Buche und Ahorn dagegen ist der Wurzelgrund viel tiefer zu Humus umgebildet, der stark wasseraufnahmefähig ist und deshalb das Grundwasser reichlich speist.
Bei starkem Regen, wie er in den Alpen häufig

ist, kann man das fast restlose Versickern des zu Boden gelangenden Regens sehen.

Und so sieht über einem Fichtenreinbestand der Effekt der gleichen, exakt gemessenen Niederschlagsmenge aus ... Wer bedenkt, daß die Fichte in den letzten 100 Jahren von ehemals 45 auf heute 80 Prozent Bergwald-Anteil gestiegen ist, der wird es nicht verwunderlich finden, daß diese unnatürlichen Kunstforsten die Täler nicht schützen, daß idyllische Bergbäche als reißende Ströme in menschliche Siedlungen einbrechen ...

Der Mensch sieht nur, was er weiß. Deshalb habe ich Ihnen für Ihre nächste Reise in den Alpenraum gezeigt, welche Gefahren der Kulturlandschaft drohen können, wenn man die

Räume, die der Bergbauer räumt, sich selbst überläßt oder sie falsch bewaldet. Daraus könnte man nun den Schluß ziehen, die Bauern seien die besten aller Naturschützer. Und viele von ihnen halten sich ja auch reinen Herzens dafür. Das trifft aber bestenfalls nur dann zu, wenn man unter Natur die Landschaft aus Menschenhand versteht, eben die Kulturlandschaft. Man darf über dem Lob des Bergbauern als Landschaftspfleger nicht vergessen, daß, genau besehen, er es war, der im Mittelalter die Ursachen für all die uns heute bedrängenden Probleme der Erosionen, des Hochwassers, der Lawinen setzte.

Indem er für sich und sein Vieh die Bergwälder auch in den steilsten Lagen großflächig kahlschlug, beraubte er die Berge, und damit auch die Täler, ihres wirksamsten Schutzes.

Man kann den Bauern daraus heute keinen Vorwurf mehr machen. Die Unwissenheit damals war groß, die Not noch größer. Aber ohne Einsicht in diese Zusammenhänge kann man nicht verstehen, wie das alles kam.

Dorfgroße Kahlschläge rissen bis in unsere Zeit tiefe Wunden in die Schutzwälder. Der Holzbedarf, besonders für die Salzgewinnung, war ungeheuer. Später machten es die Bauern den Fürsten nach, wie hier im Halblechgebiet bei Füssen. Dieser Wald ist Genossenschaftswald, die Sparkasse einer bäuerlichen Besitzervereini-

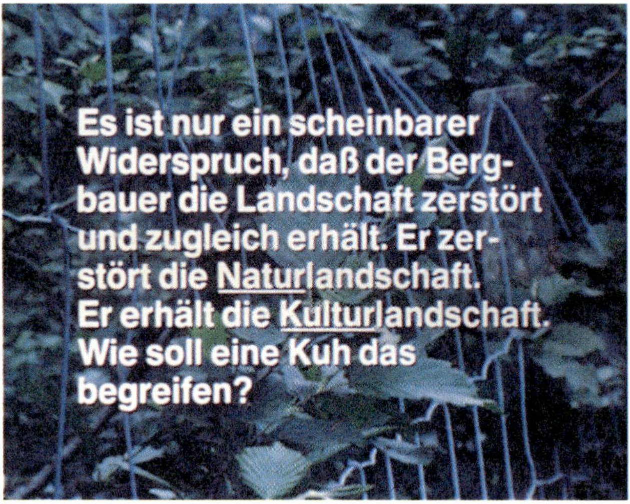

gung. Winter für Winter, wenn die Feldarbeit ruhte, langten sie alle kräftig hinein in die gemeinsame Kasse.

Auf die Blößen trieben sie dann das Vieh, das aber auch in die noch stehenden Waldteile ging. Das ist die berühmt-berüchtigte Waldweide, die noch heute, wenn auch mit stark abnehmender Tendenz, zum Schaden der Waldverjüngung verbreitet ist. Besonders im Staatswald, der im Alpenraum zwei Drittel ausmacht, feilschen Forstmänner und Bauern unerträglich lange um die Ablösung uralter Rechte und Privilegien.

Es ist immer dasselbe: Wo man den Schutzschirm der Bäume niederhieb, vernäßte der Boden rasch bis obenhin. Die Tritte des im

Laufe der Zeit immer schwerer gewordenen, weil auf Hochleistung gezüchteten Bergviehs gaben dem Waldboden und den darin eingebetteten Jungpflanzen den Rest.
Es gibt Alpenregionen, deren erdgeschichtlicher Aufbau so stabil ist, daß man sie ohne großen Schaden stark belasten kann. Dazu gehören die zentralen Kalkalpen. Wo aber, wie hier in den nördlichen Vorbergen, im Halblechgebiet bei Füssen, weicher Mergel und eiszeitliche Lockermassen die Vegetationsdecke tragen, da ist die Verbindung von Kahlschlag und starker Weidenutzung geradezu tödlich für die Landschaft. Zusätzlich zu ihrem labilen Aufbau ist diese sogenannte Flyschregion auch noch stark wasserführend. Es sind im Innern die Gesteinskörner von Wasser ummantelt. Dadurch bekommen sie Auftrieb und machen solche labilen Gebiete extrem rutschsüchtig.
Steht hier auch noch die flach wurzelnde Fichte in Monokultur, dann rutschen einzelne Bäume, ja ganze Waldpartien unter ihrem eigenen Gewicht zu Tal.
Zurück bleibt eine Mondlandschaft. Im Halblechgebiet hat man sie unter Naturschutz gestellt. Ahnungslose Wanderer halten sie deshalb für ein Stück unverfälschter Urnatur, wo sie doch in Wahrheit die Zerstörung von Menschenhand aus Unwissenheit und Gewinnstreben dokumentiert.

Wasserführende Flyschregion

Regengüsse nagen die von Humus und Vegetation entblößten Sandsteinhänge von oben an. Bergbäche, die man sich selbst überläßt, schneiden sie unten ein, so daß immer mehr Schuttmaterial nachrutscht.

Bei anhaltenden Regenfällen setzen sich Schlammassen in Bewegung. Es sind die gefürchteten Muren, die wie Lava über die Siedlungen kommen, wenn man eine solche zerstörte Landschaft nicht saniert.

Die Sanierung zielt immer auf die Bändigung des Wassers, das der durch unmäßige Holz- und Weidenutzung zerstörte Bergwald nicht zurückhalten kann. Niemand, nicht einmal die Wasserwirtschaft, wird behaupten wollen, eine Land-

schaft werde durch solche Bauwerke schöner. Auch ist immer ein Fahrstraßenbau mit der Sanierung verbunden und damit der Ansatzpunkt für weitere Naturbeeinträchtigungen durch Autoverkehr gegeben.
Solche Bilder sind jedem Bergwanderer nur zu vertraut. Die Wildbachverbauung zielt stets auf die Vernichtung gefährlicher Energie.
Hand in Hand mit der technischen Sanierung der Halblechlandschaft geht die Ursachenbeseitigung. Die Kuh muß endlich aus dem Wald. Auf geeigneten Böden werden in den Bergen sogenannte Lichtweiden angelegt – licht, weil sie außerhalb des Waldes liegen. Die Allgäuer Genossenschaftsbauern haben begriffen, daß sie ihren Zukunftswald nicht von den Kühen auffressen lassen und ihn auch noch behalten können.
Die Kuh ist also hinter Draht und weit weg von den Hunderttausenden von Jungerlen, die das Wasserwirtschaftsamt Kempten allein im Halblechgebiet zur Sicherung der Hänge anpflanzte ... Warum aber stehen dann diese neuen Kulturen nun auch ihrerseits hinter Draht? Die Kemptener Wasserbaufachleute sagen es inzwischen laut: der viel zu vielen Hirsche und Rehe wegen! Werden sie nicht endlich, statt mit goldenen Worten der Jäger, mit Blei reduziert, dann werden die verbauten 15 Millionen Mark hinausgeworfene Steuergelder sein. Aber das ist schon wieder ein neues Kapitel.

Hätten alle Hirsche, Rehe und Gemsen, die in den bayerischen Bergen stehen, Glocken um den Hals, dann würde es vielleicht sogar der bayerische Landtag bemerken, daß sich der Freistaat zur Freizeitbeschäftigung relativ weniger, freilich einflußreicher Jäger den Luxus leistet, mehr Schalenwild ganzjährig in den Bergen zu halten als Nutzvieh in den wenigen Sommermonaten.

DR. EISENMANN:
Ich möchte gerne von euch wissen, meine lieben Bauern, welche Meinung ihr habt, ob das Vieh dem Wald einen großen Schaden zufügt, oder ob der Schaden durch das Wild größer ist.

1. BAUER:
Wenn man durch die Bestände durchgeht, da san ja hektarweise da, die von die Wilden verbissen san, wenn a Windstoß kimmt, na loahnt sie's um. Die derfallen einfach, also nur vom Schälen. Und wenn man die Zeit denkt, wo's Vieh drin is, in de paar Sommermonat, also da wird wirklich nix angricht! Und 's Wild, des halt sich aa, sag'ma mal im Sommer durch, auf die Plätz, wo wieder frische Äsung da is, und im Winter, da suchens eben na die Jungpflanzen.

2. BAUER:
Und dann is ja nicht nur der Verbiß der Forstpflanzen der größte Schaden im Wald, sondern

Baum mit Schälschaden

also die Schälschäden. Des is a permanenter Schaden, also der wo weiterwachst, der wo überhaupt nimmer aufhört. Ich will doch nicht polemisch werden und da gegen die Jagd- und Forstbehörden da losziehn, aber die Wildbestände, die sind einfach zu hoch. Die gesetzliche Wilddichte, die wird einfach nicht eingehalten. Und wer kann des eigentlich nachprüfen, also grundsätzlich niemand. Wir merken bloß die Schäden.

Wer da meint, die landschaftlichen Greuel des Halblechgebiets seien die Ausnahme, der folge mir ins obere Ammertal. Hier bricht zur Zeit, unter anderem, ein ganzer Fichtenwald zusammen.

In diesem Wald steht so gut wie kein Baum, dem die in diesen öden Fichtenmonokulturen hungernden und durch Touristenbetrieb frustrierten Hirsche nicht die Rinde abgefressen hätten. In die Fraßstellen setzt sich Fäulnis. Unter Wind- und Schneedruck brechen die Stämme dann an diesen Stellen um.

Mitten in diesem Horrorwald sitzen Jäger ungerührt auf Hirsche an. Der Kavalier genießt den Wildanblick aus dem vollen, zahlt in Maßen und schweigt. Nach Berechnungen des renommierten Wiener Waldbauprofessors Hannes Mayer richtet das Schalenwild im bayerischen Alpenraum Jahr um Jahr für 15 Millionen Mark Schäden an. Die schlimmeren Langzeitschäden

Fichtenwald im oberen Ammertal

nicht gerechnet. Was aber das allerschlimmste ist: Man wird auf diesem Standort, wenn die Ruine abgeholzt ist, unfreiwillig den gleichen Unfug wieder heranziehen, nämlich reine Fichte. Das zu viele Wild läßt Tanne und Laubholz im Gebirge nur mehr vereinzelt aufkommen. Was zu beweisen ist.

Der naturnahe Fichten-Tannen-Buchen-Mischwald ist nicht nur ästhetisch dem handgemachten Fichtenreinbestand weit überlegen. Er erfüllt auch alle Schutzfunktionen für die Landschaft, ja selbst die Anforderungen der Wirtschaftlichkeit optimal. Es gibt ihn in den bayerischen Bergen noch. Geht man freilich in ihn hinein, so stellt man an vielen Orten fest, daß er großflächig vergreist ist. Ein vergreister Wald

Naturnaher Mischwald

besteht überwiegend aus alten Bäumen. Die Verjüngung, der mehrstufige Aufbau in verschiedenen Altersklassen fehlt. Ein solcher Wald muß eines Tages zusammenbrechen. Schon sieht man vielfach die freigestellten Bergahorne sterben.
Wo der Mischwaldnachwuchs und die für das Wild als Äsung wichtige Strauchvegetation stehen müßte, wuchert hüfthohes steriles Gras, das kein Hirsch anrührt. Allein die Jungfichte behauptet sich.
Nun sind die anderen Baumarten durchaus am Waldboden zu finden. Vogelbeere, Tanne, Buche, Bergahorn – es ist alles da. Aber wie das Dikkenwachstum des Holzes beweist, sind sie sehr viel älter, als ihre geringe Höhe vermuten ließe.

Wildschäden lassen die Jungbäume verkümmern

Ein vergreister Wald

Sie werden auch nicht mehr höher. Das zu viele Wild stürzt sich nach dem Rückgang des Schnees Jahr um Jahr gierig auf jeden erreichbaren frischen Trieb.
Baut man einen wilddichten Zaun um ein Stück Mischwaldboden herum, so streben Tanne, Ahorn, Buche, Vogelbeere und ein Dutzend weiterer selten gewordener Baum- und Straucharten wie von einem Zauberstab angerührt in die Höhe. Der absolute Kahlfraß bis hart an die Zäune heran ist der nicht zu widerlegende Beweis für die Verursacherrolle, die eine jagdlich motivierte Überhege von Hirsch und Reh im Vergreisungsprozeß vieler Bergmischwälder spielt.

Kahlfraß bis an die Zäune heran

Aber Zäune als Wachstumskrücken sind im Hochgebirge ein ebenso teures wie untaugliches Mittel.
Sie brechen immer wieder unter Schneedruck und stürzenden Bäumen zusammen. Im Nu steht dann das Wild in diesen vollen Speisekammern und macht 10 oder 15 Jahre teure Forstgärtnerei in wenigen Nächten zunichte. Diese verkrüppelten Zeugen eines jagdlichen Denkens, das sich an den Privilegien einiger weniger aus Wirtschaft, Politik und Forsthierarchie orientiert, stehen hunderttausendfach in unseren Alpen herum. Sie stehen sogar dicht neben den Diensthütten.
Nicht nur das Gästebuch der Hütte Herrenraint

Zäune sind im Hochgebirge ein untaugliches Mittel

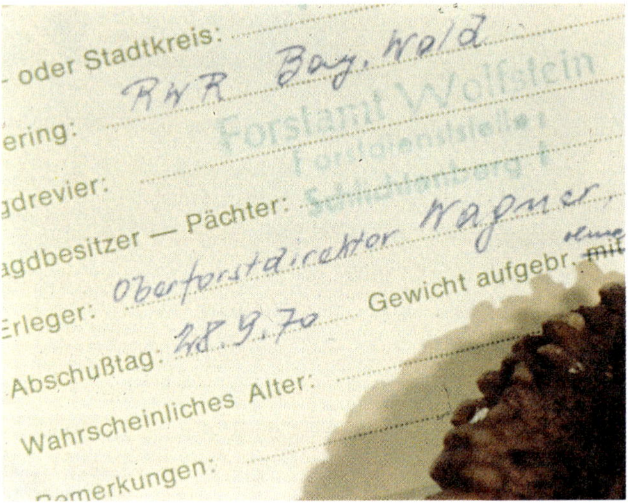

im Berchtesgadener Raum weist aus, daß sie es alle wissen – vom zuständigen Forstdirektor, der hier seine Kulturen kontrolliert ... über den renommierten Wissenschaftler, der hier Wildbiologie betreibt, bis hin zum höchsten Forstbeamten Oberbayerns.
Ihm endlich war der Wald wichtiger als die sekundären Geschlechtsmerkmale an der Wand.

ALFRED FRANK

(1971 Präsident Oberforstdirektion München):

Wo der Zustand der älteren Bergwaldbestände heute nicht befriedigt, weil sie entweder zu licht aufgebaut sind oder zu holzartenarm, kann das dem Wild nicht angelastet werden. Das ist die

Schuld der Kahlschlagwirtschaft in früherer Zeit und die Schuld der Waldweide. Das Ausbleiben der Naturverjüngung dagegen, vor allem von Tanne und auch von Bergahorn, das in den letzten 30 Jahren beobachtet werden kann, geht sicher auf das Konto überhöhter Wildbestände. Das beweist der Erfolg der Naturverjüngung im Zaun und das Ausbleiben derselben außerhalb des Zaunes sehr eindeutig. Zur Lösung des Schalenwildproblems im Bergwald gibt es nur zwei realistische Möglichkeiten: entweder die Reduzierung des Schalenwilds bis auf das tragbare biologische Maß durch eine Intensivierung des Abschusses oder die Haltung des Schalenwildes, speziell des Rotwildes, in sogenannten Wintergattern bis in den Mai hinein, um der Vegetation in der Zeit des Austreibens eine Chance zu geben. Das erste allerdings macht aus dem Jagdvergnügen – in Anführungszeichen – wieder das, was die Jagd seit eh und je war: eine harte körperliche Arbeit und eine biologische Verpflichtung. Das zweite birgt die Gefahr in sich, daß das Wild eine Art Haustier wird.

Das winterliche Gebirge ist extrem wildfeindlich. Nur die Gemse ist hier von jeher zu Haus und schlägt sich auch ohne menschliche Fütterung durch.
Die Hirsche zogen im 19. Jahrhundert noch zu Winterbeginn in die Täler, wo die eiweißhungri-

gen Bauern auf sie warteten. Was von den ohnehin wenigen Tieren übrigblieb und im Frühjahr wieder ins Gebirge zurückzog, konnte dem Wald nur noch wenig schaden. Die Wittelsbacher dann fingen die Winterfütterung an und hielten die Hirsche ganzjährig hinter Zäunen im Gebirge. Wegen der inzwischen besiedelten Täler und des romantischen Jagdvergnügens blieb es dabei bis heute.

Das Rotwild wurde darüber zum halben Haustier, zur Fremdenverkehrsattraktion. Die Besucher wissen in aller Regel nicht, daß sie das durch die Jagd tagscheu gewordene Wild nur noch in einer total unbiologischen Lebenssituation beobachten, die der Zoohaltung entspricht.

Winterfütterung

FORSTPRÄSIDENT FRANK:

Im Wintergatter gleich auch die Reduzierung der Wildbestände vorzunehmen hätte gewisse Vorteile. So insbesondere die Möglichkeit der biologischen Auslese. Diese Lösung ist aus mehrfacher Sicht, insbesondere von der Waidgerechtigkeit her, noch etwas umstritten. So neu wäre es ja allerdings nicht, wenn man sich daran erinnert, daß in der Hofjagdzeit, das heißt vor dem Ersten Weltkrieg, die Reduzierung und die Auslese, speziell bei den Rotwildbeständen, zum Teil unmittelbar an der Fütterung und zum Teil Stück für Stück mit der Pistole vorgenommen wurde.

Ein Wildbiologe zur selben Frage.

DR. WOLFGANG SCHRÖDER

(1971 Direktor des Instituts für Wildforschung und Jagdkunde, Oberammergau):

Ich halte die Gatterhaltung des Rotwildes für mehr als die Hälfte des Jahres nicht für die Bewältigung des Rotwildproblemes. Es erscheint geradezu kriminell, die Muttertiere in einer Zeit im Gatter zu halten, in der sie sich aus Gründen des Setzens der Kälber voneinander isolieren möchten. Auch war das Rotwild ein früher waidwanderndes Tier, das im Frühjahr einen Expansionstrieb zeigt, indem es ins Gebirge wandern möchte, und es bekommt ihm zweifelsohne nicht sehr gut, wenn man es zu dieser Zeit noch im

Gatter zurückhält. Ich sehe daher nur im Abschuß des Rotwildes auf ein tragbares Maß eine Lösung. Wir haben heute Rotwilddichten von ca. 3 bis 4 Stück je 100 Hektar, und sie liegen örtlich noch ganz erheblich darüber. Nach unseren gegenwärtigen Kenntnissen ist es unumgänglich, das Rotwild auf höchstens 1 bis 2 Stück je 100 Hektar zu reduzieren, um eine ausreichende Verjüngung der Bergwälder zu gewährleisten. Die Vergangenheit hat gezeigt, daß die herkömmlichen Methoden der Jagd dies nur sehr schwer oder nicht bewerkstelligen können, und ich halte daher den auch für das Rotwild schonenden Abschuß im Fütterungsbereich für eine zusätzliche Aufgabe der Jägerschaft. Bei sachkundiger Durchführung dieser Maßnahme erfolgt der Abschuß im Fütterungsbereich ohne allzu große Störung des Rotwildes. Ich kenne Fälle aus Österreich, wo Rotwild unmittelbar im Fütterungsraum erlegt wird. Die restlichen ziehen weiter zur Fütterung, und die erlegten Tiere werden an Ort und Stelle aufgebrochen und verwertet, ohne die Artgenossen in Panik zu versetzen. Wir sind gegenwärtig auch hier in Bayern dabei, auf gesetzlicher Ebene derartige Maßnahmen vorzubereiten.

Bei jährlich 25 Millionen Gästeübernachtungen ist im Alpenraum die wirtschaftliche Monokultur Fremdenverkehr mindestens so weit fortgeschritten wie die Umwandlung der Bergmischwälder in Fichtenwaldungen. Aber wenn die landschaftsökologischen Zeichen an den Bergwänden nicht trügen, dann ist bald auch mit Schäden im humanökologischen Bereich zu rechnen. Wer zivilisationskranke Menschen in eine zivilisationskranke Natur schickt und die Erholung beider verspricht, der weiß nicht, wovon anders als von seinem Geld er da redet. Immer mehr wird das Gebirge mit Bahnen, Pisten und Straßen, wie man so sagt, erschlossen.

HUBERT WEINZIERL:
Wir haben, auch das sag ich Ihnen ganz offen, nichts gegen eine mäßige, sinnvolle Erschließung mit Schlepper und Traktor und, was weiß ich, befahrbaren – Unimog-befahrbaren – Wirtschaftswegen. Wovor wir uns fürchten, sind massive und aufwendige Straßenbaumaßnahmen, deren Folge doch, wie wir das andernorts feststellen mußten, die Erschließung und der Einbruch der Bevölkerung in diese Räume darstellt.

DR. EISENMANN:
Sind Sie der Überzeugung, daß ein Kiesweg im Gebirge unbedingt schöner ist als eine drei Meter breite Teerstraße oder ein Wirtschaftsweg, der geteert wird? Ich bin der Meinung, daß vom

Sehen her ein Kiesweg viel stärker auffällt als ein dunkler, als eine dunkle Teerstraße.

HUBERT WEINZIERL:

Der Eingriff, die Trasse, ist das Entscheidende. Wie die Straße gmacht wird, net, was da dann draufkommt für a Decke, ob a wassergebundene oder a Splittdeck'n oder a Teerdeck'n oder Betonverbundstein, das is doch sekundär. Entscheidend, aus ökologischen Gründen, ist der Eingriff in die Landschaft, daß die sauber trassiert wird, und wenn sie mal trassiert ist, bin ich der Meinung, daß eine Straß, die lang herhält, nämlich a Teerstraß oder a Betonstraß oder was auch immer, dann gscheiter ist wie eine, die wo's jedes Jahr runterschwoabt. Des is doch aa ganz klar. Da braucht ma doch unter vernünftigen Leuten net drüber reden. Aber werden Sie aus politischer Sicht jetzt dem Druck standhalten, der vom Fremdenverkehr auf Sie ausgeübt wird, daß diese Wirtschaftswege eben dann doch für den allgemeinen Verkehr freigegeben werden?

DR. EISENMANN:

Herr Weinzierl, wir haben das bereits praktiziert. Diese Frage stellt sich für uns daher gar nicht, denn wir haben bisher unsere Forststraßen schon nicht für den öffentlichen Verkehr freigegeben. Und wir denken gar nicht daran, diese Wirtschaftswege, die ausschließlich für die Erschlie-

Die Bergbauern brauchen Hilfe

ßung der Almen gebaut werden oder gebaut werden sollten, zu öffnen, um da dem Fremdenverkehr, das heißt dem Autoverkehr, Tür und Tor zu öffnen.

Solange die Alternative zum Bergbauern nur Wald heißt und solange ein solcher Wald der großen Wildansammlungen wegen nur ein labiler Fichtenwald sein kann, so lange sollten Naturschützer zweimal denken, bevor sie die wirtschaftlich schon stolpernden Bergbauern vollends über den Abgrund zu drängen versuchen. Wer Alpen sagt und nichts Besseres weiß als Fichten, der muß auch Bauer sagen. Und mit Motorkraft befahrbare Almstraßen gehören im 20. Jahrhundert leider dazu.

Freilich müssen die Bergbauern auch wissen, daß sie in Zukunft an den öffentlichen Pranger geraten, wenn sie, wie es hier auf der Hämmersuppen-Alm bei Reit im Winkl schon losgeht, die neuen Straßen auch dazu benutzen, neue Almhütten zu bauen, denen das Hotel der Zukunft schon im Giebelgesicht geschrieben steht.

Das im Almhütten-Stil nachempfundene Wochenendhaus ist auch schon da, und im Wald die vertraute Müllkippe.

Es ist auf andern Almen oft nicht anders. Der Milchausschank von früher, der den Bergwanderer labte, pervertiert mangels Milchkuh zur alkoholischen Gartenlaube, zu der man, wenn's geht, mit dem Auto wandert. Und oft genug geht's. Zwar stehen an den heraufführenden Forststraßen unten die Schranken, aber was nützt das, wenn, wie im Fall der Königsbach-Alm, nachweislich mehr als 150 Schlüssel zum Schloß ausgegeben wurden, die unkontrolliert von Hand zu Hand gehen können?

Die Winkelmoos-Alm zeigt am deutlichsten die Agonie einer Berglandschaft, in die die totale Autogesellschaft eingebrochen ist.
Es fehlen nicht einmal die Straßennamen. Auch ist die Landschaft rücksichtslos verdrahtet worden.

Auf der Winkelmoos-Alm hängt nicht nur der Herrgott am Kreuz ... Die Bergwacht schützt Natur, wo kaum noch Natur zu finden ist ... Und der Gesetzgeber betrachtet wohlgefällig sein Werk.
Auch die Kirche ist beim Ausverkauf der Landschaft dabei. Ganz im Stil der neuen Zeit bereitet sie den Weg des Herrn zu den Rummelplätzen des Tourismus.

EIN WANDERER:
Gell, des is a Saustall da herob'n!

Anderswo fahren die Autos schon durch die Bergkapelle.

Durchaus mit Sinn für Realität hat man oberhalb von Berchtesgaden den Bergbauer als selten gewordenes Exemplar einer aussterbenden, weil nicht anpassungsfähigen Menschengattung neben den Parkplatz gestellt.

Es ist richtig: Ohne Forststraßen ist Forstwirtschaft nicht mehr möglich. Aber die 1600 km, die es davon im Gebirge schon gibt, werden immer länger, den laufenden Meter zu 50 Mark. Was noch schlimmer ist: sie werden auch immer breiter.

Ein einziges Hochgebirgsforstamt macht leicht ein Jahresdefizit von einer halben Million Mark. Das geniert die Verwaltung. Wir leben schließlich in einer Leistungsgesellschaft. Also macht man Nutzholz auch in den selten gewordenen, noch gesunden Altbeständen.
Dazu braucht man natürlich Straßen bis in die abgelegensten Standorte hinein. Straßen, die

gleichzeitig auch Holzlagerplatz sein können und immer breiter werden für Maschinen, die immer größer werden.
Erst kommen die Begrünungskanonen.
Sie schließen die Wunden, indem sie Grassamen aufspritzen, die danach mit Stroh und Bitumen befestigt werden. Meist freilich kanoniert man aus Geldmangel nur jene Partien grün, die von weit her einsehbar sind. Das andere empfiehlt man Mutter Natur, die sich nicht selten mit Rutschungen rächt. So verbaute man bisher 60 Millionen Mark. Der Bergwald wird auch sie nicht wieder hergeben.
Und dann kommt auf den neuen Straßen der neue Defizitvernichter daher, der Knickschlep-

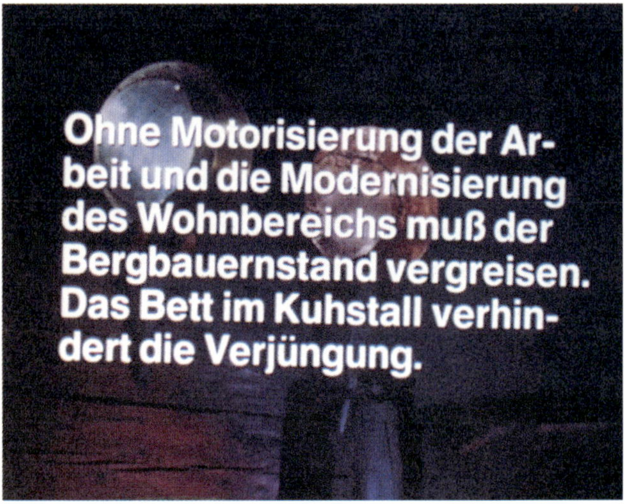

per. Doch ist zu fürchten, daß er mehr Bodenvegetation als Defizite vernichten wird.
Wann endlich wird sich im forstlichen Denken die ökologische Einsicht durchsetzen, daß die Pflege dieser Schutz- und Erholungswälder dort zu enden hat, wo die Nutzung auf Kosten der natürlichen Substanz beginnt. Holz kann man importieren, Landschaft nicht.
Zum Schlepper gehört die Entrindungsmaschine. Noch gibt es nur diesen einen Erntezug im bayerischen Gebirge. Aber Mehranschaffungen sind zu befürchten. Die Gefahr ist groß, daß solche Maschinen, damit sie rentabel arbeiten können, einen Wald erzwingen, der zu den Maschinen paßt, und das kann nur der Wirt-

schaftswald aus möglichst gleichartigen Fichten sein. Die Spuren dieser Entwicklung stehen dem Bergwald schon im Gesicht.

Mitnichten führt jeder junge Bergbauer auch ein Mädchen heim. Er bleibt unbeweibt sitzen auf seinem Hof, wenn er noch aufs Plumpsklo geht, mit Holz heizt und selbst das bayerische Fernsehen für Schweinkram und Teufelszeug hält.
Also modernisiert er. Modernisieren aber kostet Geld, das der Milchverkauf nicht deckt. Also verkauft er Bauland. Und damit beginnt, nach seinem Rückzug aus der Höhe, oft auch sein Rückzug aus dem Tal, beginnen Zersiedelung

und Verstädterung einer klassischen europäischen Erholungslandschaft.

BAUER:
Hat der bayerische Alm- und Bergbauer, der doch bisher in seiner ganzen Gestaltung des Oberlandes ganz kräftig mitg'holfen hat und in seiner Größenordnung meist nicht den Anforderungen der deutschen und europäischen Agrarpolitik entspricht, hat der in Zukunft auch nur eine reelle Chance, weitermachen zu können und Bauer zu bleiben? Oder muß er, wie uns der gscheite Herr Dr. Geiersberger vom Bayerischen Landfunk ständig empfiehlt, aufhören, seine Grundstücke parzellieren und verkaufen und sich in den Wirtschaftsprozeß eingliedern lassen?

In der Wallberg-Kapelle über dem Tegernsee befindet sich ein Deckengemälde, das die Uferlandschaft hier vor nur 60 Jahren zeigt: offen und unverbraucht.
Derselbe Raum ist heute überbaut mit der Nobelgemeinde Rottach-Egern. Der große Landverbrauch einzelner Menschen entzieht mit schweren Hecken eine Wanderlandschaft dem Gemeingebrauch. Statt Verdichtung breiiges Auseinanderfließen. Vergeudung von freier Landschaft, dem wichtigsten Produktivfaktor des Alpenraums.
Von der besiedelbaren – und das heißt immer:

Deckengemälde in der Wallbergkapelle

von der landwirtschaftlichen – Fläche sind in solchen berühmten Lagen schon bis zu knapp 70 Prozent verbraucht. Der Münchner Geograph Dr. Walter Danz hat dazu berechnet, daß im Alpenraum die Zahl der Wohngebäude viermal so schnell angewachsen ist wie die Zahl der Bevölkerung. Nicht so sehr menschlicher Bedarf als vielmehr Kapital frißt die Landschaft.
Am Zweitwohnungs- und Ferienhausboom, unter dem das Land wegschmolz wie Schnee unterm Föhn, verdienten sich nicht wenige Bürgermeister als landbesitzende Bauern eine goldene Nase. Der Bürgermeister von Kreuth, gestern noch ein solcher Bauer, fährt heute in

Nobelgemeinde Rottach-Egern

einem superschnellen Straßenkreuzer an seinen ehemaligen Fluren entlang, aus denen nun monotone Wohnhäuser sprießen. Da die Planungshoheit bei den Gemeinden liegt, sind deren Repräsentanten nicht selten aus Eigeninteresse die kommunalen Einpeitscher eines Wachstums, das ihre Gemeinden denaturiert und verstädtert. Die alten Höfe stehen dann fremd in einer urbanen Landschaft.
Auch der Bürgermeister von Lenggries verhalf seiner Gemeinde, nicht zu seinem Schaden, zu Hotel- und Appartementhaus-Architekturen, die brutalistisch oder Bodenständiges imitierend exotenhaft in der Isarlandschaft stehen.
Die nicht geringste Nachfolgesorge des Bau-

booms für die Gemeinden ist die heraufziehende Gefahr einer Überalterung der Bevölkerung. Immer mehr Rentner drängen in diese bevorzugten Landschaften. Das Krankenbettenproblem ist nur eines von vielen, über die offen zu reden menschlicher Anstand sehr, sehr schwer macht.
Den Streusiedlungen der weithin unbeschädigten Jachenau steht ein anderer Schlag von Bürgermeister vor. An ihm haben sich Makler und Bauträger bislang die Zähne ausgebissen.

BÜRGERMEISTER:
Wir haben vorigs Jahr ein Angebot gehabt, ein Baugebiet von 6 Hektar auszuweisen. Und der

Die Jachenau

Besitzer hat uns versprochen, wenn das durchgeht, dann wird er der Gemeinde die Summe von 100 000,– Mark stiften. Aber der Gemeinderat ist fest geblieben, hats abgelehnt.

Und Sie hätten das Geld sicherlich ganz gut brauchen können?

BÜRGERMEISTER:
Ja, wir hätten's schon brauchen können.

Warum haben Sie's nicht genommen?

BÜRGERMEISTER:
Wir wollen die Jachenau in der ursprünglichen Form erhalten, so lang als möglich. Hoffentlich gehts auch noch in der Zukunft.

Glauben Sie, daß auch die Gäste, die zu Ihnen kommen, das honorieren werden?

BÜRGERMEISTER:
Die Übernachtungszahlen geben uns recht. Wir haben voriges Jahr eine Übernachtungszahl g'habt von 67 000 gemeldeten Übernachtungen.

Würden Sie daraus schließen, daß die Menschen zu Ihnen kommen, weil Sie die Landschaft unberührt von Beton halten und weil die Leute hier ihre Ruhe finden?

BÜRGERMEISTER:
Sie sind in der Mehrzahl – sprechen sie uns die Anerkennung aus, daß die Jachenau noch ein unberührter Fleck ist.

Anderswo werden rücksichtslos landfremde Baustile übernommen, und die Dissonanz wird durch die Multiplikation mit der großen Zahl zum grellen Mißklang gesteigert.
Im 100 000-Mark-Haus sucht manch einer seine Individualität hinter Hilfskonstruktionen zu verwirklichen.
Der Bauernhof, zu dem ein Teil des überbauten Landes gehörte, verfällt – gut genug gerade noch als Arbeitsplatz und Wohnung für Gastarbeiter, diese modernen Sklaven unserer Freizeitgesellschaft.
Es verfallen viele verkaufte Höfe in der Alpenregion. Gott hilft offenbar auch den Tüchtigen nicht mehr so wie früher, denn härter als der Bergbauer kann einer nicht arbeiten.
Den Goldwäschern gleich haben die neuen Herren ihre Pflöcke in den alten Kulturboden gerammt.
Bäuerliches Kulturgut degeneriert zur nostalgischen Dekoration städtischer Lebensformen.
Es treten im Gebirge Bauformen auf, die man der Großstadt zuordnen möchte. Aber vielleicht sind sie nur eine Vorwegnahme der Zukunft der Alpenregion. Die zunehmende Verstädterung

Die alten Höfe verfallen

Schadlos

Bauformen wie in der Großstadt

Die Kuh im Feierabendverkehr

des Alpenraums, wie am Beispiel Garmisch-Partenkirchens gezeigt, ist ja nicht zu übersehen, wenn auch keinesfalls zu verallgemeinern. Der Bauer jedenfalls geht, der Städter kommt. Genetisch unangepaßt an seine denaturierte Gehirnwelt, sucht er Zuflucht in der Natur, oder was immer er dafür hält. Daß er die Natur zerstört, indem er seinen technisierten Komfort mitbringt, ist ihm nicht bewußt. Noch nicht.
Daß die Siedlungslawine von der Strukturkrise der auf 9000 Betriebe zurückgegangenen Bergbauernschaft losgetreten wurde und sie nun unter sich begräbt, das ist ebenfalls in Garmisch-Partenkirchen am deutlichsten nachzuweisen. Die Kuh mit Vorfahrt im Feierabendverkehr einer eleganten Stadt – das ist für die tausendfach abgeschriebene Fremdenverkehrswerbung eine Attraktion. In Wahrheit dokumentieren diese Bilder keine Idylle, sondern den durchaus tragischen Untergang eines kulturreichen Berufsstandes, der allein mit seinen Händen diese weltberühmte Landschaft schuf. Das mag nicht zu ändern sein. Aber nur Zynikern und Ignoranten fällt bei einem Wort der Trauer lediglich die Formel »Blut und Boden« dazu ein.

BAUER:

Ich hab 18 Hektar Grund und 22 Stück Vieh und vier Pferde. Ich möchte meine Landwirtschaft erhalten, aber in einem Fremdenverkehr wird

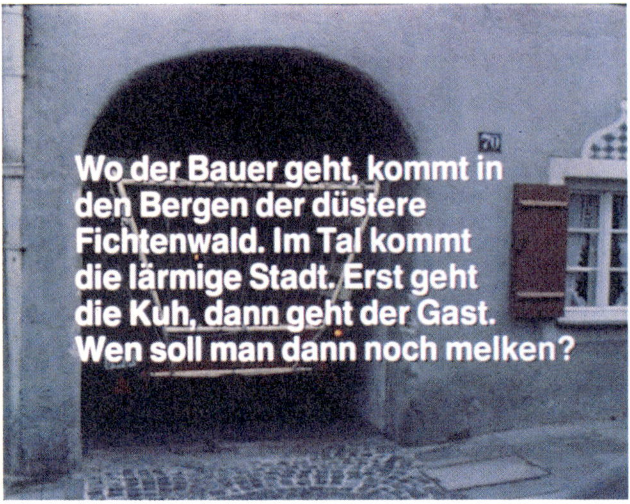

man schon komisch angeschaut, wenn man noch Landwirtschaft betreibt. Man wird es erst merken in Garmisch-Partenkirchen, wann keine Landwirtschaft mehr ist, keine Kuh mehr da ist, dann wird es im Fremdenverkehr keine Attraktion mehr geben, in diesem schönen Ort. Dann ist er praktisch schon verstädtert.

Wen wundert die öffentliche Gleichgültigkeit am Schicksal des Bergbauern angesichts des Bildes, das man in Bayern von ihnen ständig unter die Leute bringt?
Die fröhliche soziale Diffamierung eines ganzen Standes als ewig neuer, stets neu verfaßter Gegenstand unsterblicher Bühnenkunst ist einmalig.

MÄDCHEN (Bauerntheater):
Mei, hab i den Menschen gern! Du gell, a Postbot is mehra wia a Bauer?

MANN (Bauerntheater):
Ja, freilich, ja, ja a Postbot, des is ja direkt eine Respektsperson.

Mit Unschuld und durchaus auch mit Können wird der Bergbauer verewigt als einer, der überwiegend von der Sorge geplagt wird, wie er seiner Frau verheimlicht, daß er der Magd ein Kind gemacht hat.
So gehen Jahr für Jahr Millionen von Menschen, die erklärtermaßen kamen, um Land und

Leute kennenzulernen, durch immer wieder abgestaubte und neuretouchierte weißblaue Kulissen. Das Bayernbild dieser Menschen entspricht denn auch tatsächlich Walter von Cubes Spottbild.

Bayern voller Alpen, die Alpen voller Almen, die Almen voller Sennerinnen; allenfalls, daß an deren Unschuld niemand mehr so recht glauben will.

Soweit Hochgebirge, Zwiebeltürme und Sennhütten noch Platz für andere Architektur lassen, wird dieser Platz von Hofbräuhäusern und Bierzelten ausgefüllt – na gut, von ein paar scheußlichen Betonburgen neuerdings wohl auch. Aber dafür war der Königssee mal wieder schön.

Mit solchen Erinnerungen fahren durchaus lernwillige Menschen dann nach Hause zurück. Die großartige Chance, diese sich oft ein bißchen

langweilenden Millionen, die ja doch wohl eines Tages mit ihren Steuergeldern die Alpenlandschaft werden pflegen müssen, an die Probleme heranzuführen, sie zwischen zwei Kirchen und zwei Heimatabenden auch einmal eine Erosion, eine verkommende Alm, eine verkrüppelte Waldverjüngung anschauen zu lassen – diese Chance zur intelligenten naturkundlichen Information wird nicht einmal gesehen.
Den Gast nur in die gute Stube. Aber deren Fensterläden schlagen schon hier und da im kalten Wind der ökologischen Krise. Der Fremdenverkehr zwischen Bodensee und Berchtesgaden stagniert oder ist rückläufig. Man kann Landschaft eben nicht zerstören und gleichzeitig verkaufen.

Nachwort 1988

Müßte ich diesen soeben gezeigten Film heute noch einmal machen, ich wüßte nur weniges, das ich anders zeigen, anders sagen würde. Allenfalls, daß sich der Erschließungsboom in der Alpenregion verlangsamt hat. Es ist schwerer geworden, die Widerstände des Naturschutzes gegen immer neue Bergbahnen, neue Skipisten, neue Straßen zu überwinden – aber zu überwinden sind sie nach wie vor. Und die Gelüste der vom Fremdenverkehr lebenden Kommunen auf die Profitmaximierung der Bergnatur sind, scheint's, unstillbar.
Noch immer ist das nun häufig zu hörende Bekenntnis zur späten Einsicht, daß man eine Landschaft nicht zerstören und sie dennoch den

Gästen als zur Erholung geeignet anpreisen kann, zu oft ein Lippenbekenntnis.

Zu den alten Belastungen der Bergregion durch den winterlichen Massenandrang der Skifahrer und den sommerlichen der Wanderer sind neue hinzugekommen. Die große Mode ist derzeit das Radfahren auf sogenannten Mountainbikes. Das sind geländegängige Drahtesel, auf denen sich dynamische Freizeitmenschen die Natur zu Gemüte führen, indem sie zumeist auf die Stolpersteine vor ihren dicken Reifen starren und bei halsbrecherischer Talfahrt die Wanderer scheuchen.

Hubschrauber, Drachen- und Motorflieger beunruhigen die alpine Tierwelt in ihren letzten entlegenen Rückzugsgebieten. Motorisierte Schlitten befördern lärmend eine neue Sorte Skifahrer bergwärts, die dann auf einem Brett, ähnlich dem Wasserski, talwärts wedelt. Und die steigende Zahl der geländegängigen Autos gräbt mancher Blumenwiese Reifenspuren ins Gesicht und gibt manchem wasserführenden Almweg den Rest.

All dies wird überschattet durch das Waldsterben als Folge der Schmutzfrachten, die mit den Luftströmungen aus den Ballungsräumen herantransportiert werden und im Stau der Alpen ihre verheerende Wirkung in den Schutzwäldern entfalten.

Immer neue in die Alpen gebrochene Autostra-

ßen, über die sich eine automobile Freizeitgesellschaft in endlosen Blechschlangen südwärts und nordwärts wälzt, verschärfen die Luftverschmutzung erheblich.
Das immer noch zuviele Reh-, Rot- und Gamswild, das den Jungwuchs der Wälder durch Verbiß verkrüppelt und die Rinde von den Altbäumen schält, macht den Bergwald vollends zum todkranken Patienten.
Es gibt aber auch Ermutigendes. Im Allgäu ist es der Münchner Wildbiologischen Gesellschaft, zu deren Kuratorium ich gehöre, endlich gelungen, widerstreitende Waldbauern, Förster, Jäger, Naturschützer und Behörden an einen Tisch zu bekommen und endlich ein modernes Wildtier-Management in Gang zu setzen, das des Bergwaldes Heil nicht nur im Totschießen der Hirsche und Rehe sucht, sondern wildbiologische Forschungserkenntnisse zum Fundament von Entlastungsstrategien für den geschundenen alpinen Wald macht.
Zu den neueren Mutmachern gehört auch ein Bergbauernprogramm, das diejenigen finanziell belohnt, die die Ränder ihrer Wiesen auf einer Breite von fünf Metern nicht mähen und nicht begiften, so daß sich eine schon verloren geglaubte Flora wieder entwickeln kann, die unzähligen Insekten, Schmetterlingen darunter, das Leben erhält.
Langsam, oft zu spät, verbreitet sich unter den

Bergbauern die Ansicht, daß es nicht etwas bäuerlich Ehrenrühriges ist, die Bergnatur durch Nichtstun zu schonen und nur die Produktion von Milch berufsgerecht sei.

Bemerkungen über den Rothirsch

30 Prozent Bodenfläche der Bundesrepublik sind bewaldet. Wald, der mit den Wurzeln den Humusboden festhält und mit den Kronen den zerstörerischen Anprall des Regens mildert, garantiert die Gesundheit der Landschaft. Sie ist längst dahin. Der deutsche Wald ist krank auf den Tod.

Ein Renditedenken, das selbst das Schicksal der Nation am Börsenzettel abliest, hat aus dem Wald eine baumartenarme, naturwidrige Holzfabrik gemacht. So pervertiert ist dieser Wald, daß der Rothirsch aus Mangel an natürlichem Nahrungsangebot einerseits und ungezügelter Vermehrung andererseits zum Waldzerstörer geworden ist.

Ja richtig, meine Damen und Herren: Es ist nicht dringlich zur Zeit, den Hirsch zu schonen. Es ist dringlich zur Zeit, ihn zu schießen. Der menschliche Wolf versagt. Er ernährt sich von Kalbfleisch und jagt den Hirsch als Knochenschmucklieferanten für die Wand überm Sofa. Das Hirschgeweih als Aufhänger für Gamsbarthüte und schöne Erinnerungen.

Ich stehe nicht im Rufe, ein Feind der Jagd zu sein, doch haben viele ausgedehnte Waldgänge mich skeptischer gemacht gegenüber einigen Erscheinungsformen der Rotwildjagd, an der nur eine kleine, wenn freilich auch einflußreiche Minderheit beteiligt ist.

Ich meine vor allem die Überbewertung der

Trophäe, des Hirschgeweihs, mit dem ein unvorstellbarer Kult getrieben wird, obwohl zu seiner Erbeutung heute nicht mehr gehört als Geld, gute Beziehungen, Sitzfleisch und ein ruhiger Zeigefinger. Diese prestigehaltige Knochensammelei markiert eine Spätphase der konservativen Jagd. Immer mehr Jäger, junge vor allem, wenden sich aus Einsicht in Umweltprobleme von ihr ab.

Es waren Jäger, die mir ein Foto schickten. Sie machten es zur Zeit der letzten internationalen Jagdausstellung in Budapest. Es zeigt die Souvenirs eines deutschen Waidmannes an eine Jagdreise – acht kapitale Hirschgeweihe, das Stück zu durchschnittlich 30 000 Mark. Budapest, im Herbst 1971, beherbergte das größte Beinhaus der Welt.

Diese jagdliche Entartung ist zumindest der Stückzahl nach ganz gewiß nicht die Regel. Doch keine Kegelspitze ohne Kegel. Die Trophäensucht ist weit verbreitet. Jahrzehntelang schoß man die Großen, und die Kleinen ließ man im Verhältnis dazu nur allzu oft laufen.

Das mangelhafte Interesse am Abschuß junger, vor allem weiblicher, also geweihloser Tiere, hat zu einer explosionsartigen Vermehrung des Reh- und Rotwildes geführt. In manchen Revieren hat man den Hirsch bis zum Zehnfachen eines natürlichen, für den Wald erträglichen Bestandes herangehegt; manche sagen herangemästet. Es ist dahin gekommen, daß im deutschen Alpengebiet 47 225 Stück Schalenwild, also Hirsche, Rehe und Gemsen gezählt wurden, im selben Gebiet wurden zur selben Zeit aber nur 46 000 Rinder, also 1200 Stück weniger, auf die Almen getrieben.

Bevor die menschliche Jagd sich zum Regulator des Gleichgewichts zwischen Wild und Wald aufwarf, hielt die Natur selber das Wild kurz, und zwar radikal. In den Wildmarken Osteuropas, wo diese Bilder entstanden, kommen auf tausend Hektar Wald nur drei Stück Rotwild. Bei uns sind es 30 bis 50.

Der Jäger dieser menschenleeren Gebiete ist der Wolf. Ihm liegt nichts an der Trophäe. Er reißt nicht den starken Hirsch. Er reißt die sich multiplizierenden weiblichen Stücke und die Jungen. Mehr als die Hälfte aller Kitze und einjährigen Jungtiere fällt in biologisch intakten Waldgebieten jährlich dem Raubwild Wolf, Luchs und Bär anheim.

Es ist vielen Jägern unbekannt, daß die bayerischen Bergwälder vor wenig mehr als 100 Jahren im Winter noch völlig leer von Hirschen waren. Das Rotwild zog im Herbst in die milderen Flußniederungen hinunter. Eine Fütterung durch den Menschen war unbekannt. Das änderte sich, als mit der Säkularisation kirchlicher Landbesitz an die Krone Bayerns fiel. Indem die Leibjäger der Krone nun Wildfütterun-

In den Wildmarken Osteuropas ...

. . . kommen auf 1000 ha Wald drei Stück Rotwild

Auf dem Weg zum Futterplatz

Erst die Winterfütterung garantiert einen hohen Wildbestand

gen einrichteten und den bürgerlichen Wilderer leidenschaftlicher jagten als das adelige Wild, gewöhnten sie die Rothirsche ins Gebirge.
Die Nachfolger im Geiste der feudalen Wittelsbacher als Jagdherren dieser unwirtlichen Bergreviere sind heute zu mehr als 60 Prozent sogenannte Führungskräfte der Wirtschaft, von denen mehr als 80 Prozent ihren Wohnsitz in den industriellen Ballungsräumen der Bundesrepublik haben. Sie sind häufig mit den biologischen Zusammenhängen in ihren Bergwäldern bis zur Naivität unvertraut. Die absurd hohen, jährlich in die Zehntausende gehenden Pachtpreise zahlen diese Jagdherren nicht für eine gesunde Landschaft, sondern für möglichst viele starke Hirsche, die, wie diese hier, im Winter rudelweis zu den vielen Fütterungen ziehen.
Das Rehwild stellt nicht, wie manche Leute glauben, den Hirschen die Weibchen. Rehbock und Ricke sind eine ganz eigenständige Wildart. Es gibt davon an die eineinhalb Millionen Stück in der Bundesrepublik, und obwohl pro Jahr eine halbe Million totgeschossen werden, hat sich der Bestand in zehn Jahren verdoppelt.
Bambi ist, genau wie diese Hirsche, nicht nur den Wäldern, sondern auch sich selber zur Plage geworden. Kümmerlinge und Seuchen sind als die sicheren Anzeichen einer zu hohen Wilddichte weit verbreitet.
Der starke einzelgängerische Hirsch kommt als

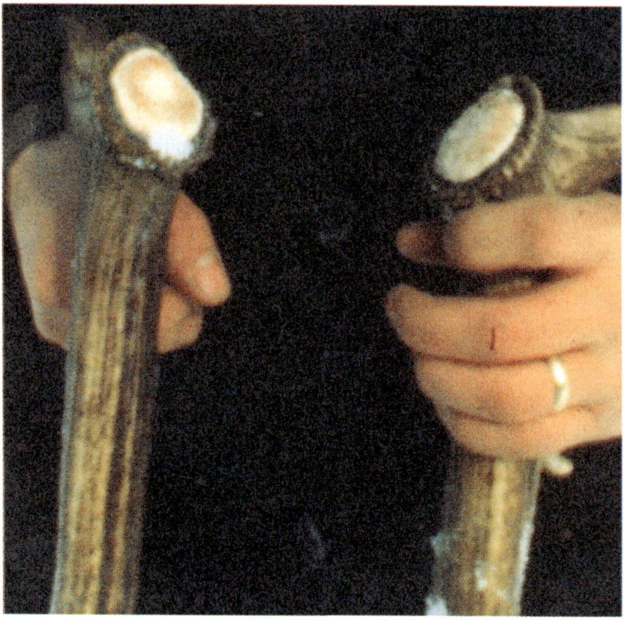

letzter zu Tisch. Er steht nur während der kurzen Brunftzeit im Herbst beim Rudel der Hirschkühe.
Während man früher nur Heu fütterte und das mit noch stärkerem Baumschaden bezahlte als heute, tut man jetzt komplizierte Futtermischungen, vor allem safthaltige Silage, in die Tröge. Der Hirsch als Wiederkäuer braucht täglich 10 Liter Saft, den er sich aus der Baumrinde holt, wenn die Futtermischung nicht stimmt.

Jedes Jahr im Februar/März werfen die Hir-

sche ihre Geweihe als abgestorbene Körperteile in den Schnee.

Die Abwurfstangen liefern dem Jäger wertvolle Hinweise auf die Erbqualität eines Hirsches, wenngleich Spötter meinen, die Zuchtwahl anhand dieser sekundären Geschlechtsmerkmale käme einem Versuch gleich, die genetischen Qualitäten einen Mannes allein aus seinem Bartwuchs deuten zu wollen.

Aus den blutigen Näpfen der Kahlhirsche wächst sofort ein neues, in der Regel stärkeres Geweih heraus, an dessen Endenzahl freilich

nicht das Alter des Tieres abgelesen werden kann. Der Vorgang ist ebenso juckend wie unerklärlich, denn nichts kann ja beim Waldlauf hinderlicher sein als ein Kronleuchter auf dem Kopf. Auch ist das Geweih nicht eindeutig als Waffe zu erklären, denn wenn sich Hirsche außerhalb der Brunft streiten, prügeln sie sich mit den Vorderläufen. Im härtesten Winter, wenn die Wölfe sie bedrängen, steht das Geweih ihnen nicht zur Verfügung. Und die Schiebekämpfe der Brunfthirsche wären auch ohne diese pflanzenhaft wuchernden Knochenberge möglich. Nicht alle Hirsche werfen zur gleichen Zeit ab. Es wird Frühling darüber. Der Schnee lichtet sich. Jetzt steigt der Saft in den Bäumen

auf, und gierig machen sich die Hirsche über die Rinde her, wenn man sie nicht weiterhin in Gattern an der Fütterung hält.
Wie für Schwein und Huhn halten Futtermittelfabriken heute auch ausgeklügelte Mischungen für das Rotwild bereit, und es fehlen weder die hormonalen Zusätze für das prächtige Geweih noch die Pülverchen gegen die Würmer. Die Kosten einer richtigen Wildfütterung sind nicht unbedeutend. Sie schwanken zwischen einer und zwei Mark pro Kopf und Tag. Und es gibt private Rotwildreviere, in denen mit wechselnder Intensität praktisch das ganze Jahr über gefüttert wird.
Das neue Geweih wächst im Schutz einer Haut

heran, die der Jäger die Basthaut nennt. Sie ist stark durchblutet und ernährt von den Enden her den wachsenden Knochen. Ein starker Hirsch schiebt in nur vier Monaten eine Geweihmasse von 20 Pfund. Dennoch ist nicht die Aufnahme von Kalk, das der Hirsch in seinen Knochen speichert, sondern von Eiweiß während dieser Zeit sein Problem. Eiweiß findet der geweihbildende Hirsch, indem er die knospenden Triebe der Waldbäume abweidet und sie dadurch verkrüppelt.
Sehr stark ist jetzt auch der Vitaminbedarf. Ihn deckt der Hirsch durch das waldzerstörende Schälen der im Saft stehenden Bäume. Sie faulen dann und sterben. Der Hauptschaden konzentriert sich heute mangels Laubbaumarten auf den Brotbaum der Waldwirtschaft, die Fichte.
Fachleute beziffern den Schaden, den ein Hirsch im Laufe seines 12- bis 15jährigen Lebens anrichtet, auf gut und gern 30 000 Mark. Es hängt demnach an jedem Ende eines starken Hirschgeweihs ein Tausendmarkschein. Und diese Scheine kommen zumindest bei den vielen Hirschen der großen staatlichen Forsten nicht aus privaten, sondern aus öffentlichen Kassen. In Bayern hat jeder Abgeordnete, sofern er einen Jagdschein hat, aus Gewohnheitsrecht jährlich einen Hirsch frei. Direktoren und Präsidenten der Jagd- und Finanzbehörden, Parteifreunde und Diplomaten schießen weit unter

Preis den Hirsch im wilden Forst. Der deutsche Wald steht stumm dabei und leidet.
Im Mai oder Juni, nach 34 Wochen Tragzeit, bringt die Hirschkuh ein Kalb zur Welt, selten zwei. Die Nachgeburt frißt sie auf, um durch deren Blutgeruch nicht Raubtiere anzulocken. Das Junge des Vorjahres hat sie zuvor verjagt, doch darf das Einjährige nach der Geburt des neuen Kalbes wieder zu ihr zurück. Ein Muttertier mit seinen Jungen der letzten drei Jahre ist oft der Kern einer mutterrechtlichen Einheit, die der Jäger Rudel nennt, mit der Mutter als Leittier. Ältere Hirsche gehören nicht zum Rudel; sie bilden Männergesellschaften oder ziehen einzeln.

Ich zeige Ihnen jetzt im Original von Bild und Ton einen Film, den Sie vermutlich kennen; denn Sie gaben ihm die Traumnote plus 8. Ich kenne die russische Originalfassung dieses Films nicht, aber die deutsche Fernsehfassung geht an der Stelle, die ich im Auge habe, so:

Über dem lustigen Laufen, Hüpfen und Springen vergessen die jungen Hirsche die Welt um sich her. Und sie vergessen vor allem auch die Gefahren, die rings auf sie lauern. Zum Glück ist ein Wildhüter in der Nähe. Mit seinem Gewehr bringt er nicht nur Tod, sondern auch Hilfe. (Schüsse)

Wenn Sie mich fragen, dann sollte man diesem famosen, auf den Luchs anlegenden Wildhüter die Uniform ausziehen. Dem Luchs aber sollte man die Daumen halten, daß er aus Gründen des biologischen Gleichgewichts im Wald Bambi das nächste Mal erwischt.
Der Verdacht ist laut geworden, daß die weitverbreitete Bambi-Mentalität in der Bevölkerung vielen Revierinhabern nicht unwillkommen ist, läßt sich doch aus dieser sentimentalen Deckung heraus vortrefflich auf Landschaftspfleger schießen, die das Schalenwild radikal reduziert sehen wollen.
Das aus grünen Kreisen hierzu stammende Argument, die Bevölkerung habe ein Recht darauf, Hirsche im Wald zu sehen, dieses Argument ist von den Jägern selber löchrig geschossen worden. Das Rotwild ist auch in großen Stückzahlen scheu. Trotz überhöhter Bestände sieht man es selten. Es versteckt sich bis zum Einbruch der Dunkelheit, nicht weil es betrachtet, sondern weil es bejagt wird. Im Schweizer Nationalpark, wo das Jagen absolut verboten ist, sieht man Hirsche am hellen lichten Tag zum Gaudium der Kinder äsen.

1415 Kopf

Jedes Jahr einmal treffen sich die Jäger eines aus vielen Kleinrevieren bestehenden Rotwildrings und halten Erntedankfest. Sie nennen es die Trophäenschau.
Jagdbiologisch und als genetische Wildbestandsaufnahme sind diese Knochenschauen ganz zweifellos wichtig. In der Stimmung sind sie eine Mischung aus Kirchweih und Heiligenverehrung.
Der hierarchische Privilegiencharakter der Rotwildjagd wird deutlich.
Und es hängt nicht nur Medaillengold an diesen kapitalen Geweihen.
Die nicht geringste wirtschaftliche Bedeutung der Rotwildjagd ist die vetternwirtschaftliche.

Die großen Tiere drücken die kleinen im Kampf um Beute und Trophäe an die Wand.
Hier in Zwiesel im Bayerischen Wald liegt Spannung in der Luft. Es sind Gegner des Trophäenkults nicht nur im Saal, schon schreiben sie auch in den Zeitungen gegen den Rothirsch. Die Jagd geht auf.
In einer Münchner Zeitung hatte der im Greisenalter stehende Professor und Landschaftsarchitekt Alwin Seifert, der einst Deutschlands Autobahnen begrünte, den radikalen Abschuß überzähliger Rothirsche verlangt.

JAGDPRÄSIDENT FRANK:
Wer von Ihnen gestern den Münchner Merkur

gelesen hat, der konnte zu seinem Erstaunen feststellen, daß es Menschen gibt, die verlangen, daß sieben von acht Hirschen erschossen werden müssen. Meine Damen und Herren, das sind Forderungen, die wir in gar keinem Fall hinnehmen können, die absolut nur damit zu entschuldigen sind, daß man sagen kann: Alter schützt offensichtlich vor Torheit nicht.
(Beifall)
Man macht uns oft den Vorwurf, daß wir eigentlich nichts anderes wollen als starke Trophäen züchten. Dieser Vorwurf, meine Damen und Herren, der ist falsch und dumm, denn was wir wollen, unser Hegeziel, ist ein gesundes, kräftiges Wild, das keine Not leidet. Und die

Folge unseres gesunden und kräftigen Wildes sind dann Trophäen, wie Sie sie hier bewundern können.

Dann spricht der in Jägerkreisen bestgehaßte Mann, ein Ketzer im grünen Rock, Oberforstmeister gar und Jäger: Dr. Georg Sperber.

SPERBER:
... obwohl der Lebensraum unseres Wildes Tag für Tag kleiner wird. Sie kennen die erschrekkende Zahl: 115 ha werden in der Bundesrepublik täglich durch Siedlungen, durch Straßen überbaut, gehen unwiederbringlich für die freie Natur verloren. Trotz dieses Lebensraumschwun-

des, trotz der gewaltigen Verluste im Straßenverkehr, trotz der intensiven Landwirtschaft mit Großmaschinen, Pestiziden, Düngemitteln, die das Jungwild schädigt, trotz der Beunruhigung durch den zunehmenden Strom der Besucher sind heute die Jagdstrecken höher als je zuvor in diesem Jahrhundert.
Sie dürfen als Jäger nicht vergessen, diese Veränderung des Waldes, der Flora, bleibt natürlich nicht ohne Auswirkung auf Ihr Wild. Eine Fichtenmonokultur, die einfach deshalb Monokultur wurde, weil jede andere Baumart vom Wild verbissen wird, ist kein Lebensraum für das Rotwild, ist kein Lebensraum für Auer- und Haselwild. Ich darf Ihnen weitere Fakten nennen. Im Alpenbereich sind 30 000 ha Schutzwald vergreist, weil die natürliche Waldverjüngung durch den zu starken Wildverbiß unterbleibt. Diese Wälder haben ihre Schutzwirkung gegen die Erosion weitgehend eingebüßt. Fachleute befürchten heute allen Ernstes, daß dort die Erosion die Waldgrenze nach unten drücken wird. Das sind Zahlen aus amtlichen Berichten. Die bayerische Staatsregierung hat für die Sanierung dieser Schäden an dem Alpenwald Aufwendungen in Höhe von 120 Millionen DM vorgesehen. Der bayerische Staat gibt Jahr für Jahr vier Millionen DM aus zur Verhinderung von Wildschäden. Wenn Sie sich das ausrechnen, das sind im Jahr pro Reh 140 DM. Ein Rehbock, der sieben

Jahre alt geworden ist, um jagdbar zu werden, hat also allein zur Verhinderung des Wildverbisses 1000 DM Kosten verursacht in diesen sieben Jahren seines Lebens. Meine Herren, das sind nackte Fakten. Im Harz entstehen durch das Schälen des Rotwildes – bitte hören Sie sich das an, Sie haben sehr viel freundliche Worte über die Jagd gehört, es kann uns doch nichts schaden, wenn wir auch einige Worte hören, die unbequem sind, die aber sicherlich doch geeignet sind, die Einsicht in unseren eigenen Reihen zu fördern; meine Herren, darum geht es doch – im Harz entstehen durch das Schälen des Rotwilds nach einer neuen Untersuchung der Universität in Göttingen Holzwertverluste von jährlich 52 DM

pro ha, das sind bei einem Forstamt von 4000 ha im Jahr über 200 000 Mark. Bitte, diese unmittelbaren Kosten, Schäden interessieren den Waldbesitzer, interessieren den Steuerzahler mehr als uns Naturschützer. Uns Naturschützern bleibt aber nicht gleichgültig, wie sich draußen durch diese zu hohen Schalenwilddichten das ökologische Gefüge unserer Landschaft ändert. Mit der Verarmung der Pflanzenwelt geht eine Verarmung der Tierwelt unmittelbar Hand in Hand. Wenn die Jägerschaft in Zukunft ihren Anspruch, angewandter Naturschutz zu sein, glaubhaft machen will, wenn das nicht eine schöne Floskel für unsere Trophäenschauen und für unsere Hubertusfeiern bleiben soll, dann kommen wir an dem brennenden Problem der zu hohen Schalenwilddichten nicht mehr herum ...

Ich habe nachzutragen, daß es diesem Oberforstmeister von seinen staatlichen Vorgesetzten verboten wurde, im Nationalpark Bayerischer Wald, zu dessen Leitung er 1971/72 gehörte, einen öffentlichen Informationspfad anzulegen zu den Waldverwüstungen durch das Rotwild abseits der Spazierwege.

Das ist wahrhaft erstaunlich für beamtete Treuhänder des Volksvermögens. 1962 zählten die Jäger selber etwa 60 000 Stück Rotwild in der Bundesrepublik. Heute liegen die Zahlen um 50% höher – bei 90 000 Stück. 1,5 Millionen

Rehe, die ebenfalls den Wald belasten, kommen noch hinzu. Die Wildbewirtschaftung, wie man die Hege mit der Büchse heutzutage zeitgemäß nennt, ist aus den Fugen geraten. Zuviel Boom, zuwenig Bum.

Ich fuhr nach Lohr am Main, wo man in der staatlichen Forstschule lehrt, wie man den deutschen Wald beschützt vor seinem König, dem Hirsch, und dessen geringeren Vettern, den Rehen.
Weil das Wild die Nase nur ungern durch dicht benadeltes Astwerk schiebt, schützt man den Stamm vor dem Geschältwerden, indem man an gefährdeten Plätzen 800 bis 1200 Fichten pro

Hektar wie die Weihnachtsbäume einbindet. Kostenpunkt: eine Mark und fünfzig pro Baum, inclusive Soziallasten.

Bei der Douglas-Fichte, deren untere Äste entfernt werden müssen, bindet man als Schälschutz die abgehackten Zweige um den Stamm. Kostenpunkt je Baum: zwei Mark, inclusive Soziallasten. Nach fünf Jahren ist ein neuer Trockeneinband nötig.

Drei Mark kostet die wirkungsvollere Drahthose für den Baum.

Einzeln stehende wertvollere Bäume sind in Wildgebieten niemals hochzubringen. Rehe und Hirsche bevorzugen stets die selteneren Arten.

20jährigen Nutzbäumen werden mit einem Hobel Wunden beigebracht, damit sie verharzen und rissig vernarben. Sie schmecken dann dem Hirsch nicht mehr. 500 bis 800 Bäume pro Hek-

tar. Arbeitsaufwand: 7 Minuten pro Stamm. Kostenpunkt pro Baum: eine Mark.
Waldbesitzer vor oder nach der Pleite greifen zum billigeren Kratzer.
Chemische Mittel schützen die Endtriebe der jungen Bäume vor verkrüppelndem Wildverbiß. Lohn- und Materialkosten: eine Mark und 74 Pfennig pro Pflanze.

Schon erbarmt sich die Industrie der Not des Waldes. Sie rationalisierte den forstlichen Krankenhausbetrieb mit halbautomatischen Geräten nach Art der Autowasch-Schlauchbürsten.
Man probiert auch sonst allerlei: Alu-Folien um den Stamm ...

Klebebänder um die Knospen ...

Plastik-Hüte ...

... und Glaswolle, mit der dann die Waldvögel ihre Nester auspolstern, worauf die nacktgeborenen Jungen zugrunde gingen.
Nur einfältige Menschen, die so gar nichts von der Jagd verstehen, können glauben, es müßte billiger und einfacher sein, das Wild mit der Büchse erträglich kurz zu halten. Doch eher greift man noch zur Radikalkur, zum wilddichten Zaun.

Im niederbayerischen Haidenburg bei Vilshofen machten die Aretins vor 20 Jahren ihre Waldruinen dicht – nicht vor den Menschen. Die Baronin Aretin sperrte nur das Wild aus. Seither wird sie von jagdlustigen Standesgenossen eisig

geschnitten. Aber der Aretinsche Wald begrünte sich von unten her, die jungen Bäume konnten wieder wachsen.
Am Wildschaden verzweifelnde Waldbesitzer pilgern heute omnibusweise nach Haidenburg, um danach schlaflose Nächte zu verbringen in der Erinnerung an einen Mischwald aus Laub- und Nadelhölzern, einen Wald, der alle Altersklassen umfaßt, der nicht nur biologisch, sondern auch wirtschaftlich gesund ist.
Jenseits ihrer Waldgrenzen blicken die Aretins in ihre eigene, überwundene Vergangenheit: Kahlschläge, auf denen neugepflanzte Fichten mit wucherndem Seegras kämpfen, ein Gras, das nicht einmal dem Maulesel richtig schmeckt, geschweige denn Hirsch und schlekkigem Reh. Die Bäumchen müssen kostenreich und mühsam freigemacht werden und wachsen doch zu nichts anderem heran als zu neuen öden Fichtenfabriken, zu neuen Kahlschlägen.
Begehrlich steht nachts das Wild an den Zäunen des Aretinschen Waldes. Freundliche Jäger zerstörten die Zäune nicht selten und ließen das Wild, das auf ihren eigenen Gemarkungen nichts mehr zu beißen hat, ins verhaßte Paradies ein.
Die Aretins sind nicht wildfeindlich. Sie werden wohl eines Tages ihre Zäune öffnen. Ein gesunder Wald verträgt eine radikal kurz gehaltene Anzahl von Rehen oder Hirschen.

Die Baronin Aretin

Während ein staatlicher Forstmann vor lauter Akten den Wald nicht mehr sieht, pflegt die Baronin ihn mit der Samenschürze selber.

BARONIN:
Ein deutscher Forstmeister ...
sagt sie milde,
... geht nicht mit einer Schürze durch den Wald.

Die Jäger aber, hört man ihre Festredner reden, gehen oft mit wenig mehr als ihren Gefühlen durch den Wald.

JÄGER:
Lassen Sie uns, meine Damen und Herren, den bloßen Schießer mit einem Wanderer vergleichen, der lediglich seinem Ziele zustrebt und die Blumen nicht sieht, an denen er vorübergeht, und die Vögel nicht hört, die in den Bäumen singen, und nicht Spiegel und Widerhall in der Brust hat für so viel Lust, die rings um ihn lebt und webt auf dieser Welt. Da wirft sich doch der Gedanke auf, was für eine verteufelte Beschäftigung ist also die Jagd. Bei der Beurteilung der Jagd übersieht der Nichtjäger gewöhnlich, daß es sich für den Waidmann keineswegs um einfaches Töten, um ein handwerksmäßiges Abschlachten des Wildes handelt, sondern um ein ehrliches Ringen zwischen Mensch und Tier, das, zugegeben, allerdings nicht stets ein körperliches sein

muß. Ich meine, wer nicht ein Handwerker der Jagd ist, wie der diensttuende Jäger, der sollte doch an der Jagd noch edleren Wert entdecken als den Nervenreiz, den das Ringen zwischen menschlicher List und tierischem Verstand gewährt. Für meinen Geschmack, und das darf ich wohl für die Mehrzahl der Jäger sagen, liegt der edelste Reiz der Jagd in der innigen Berührung mit der Natur. Diese Frage, meine Damen und Herren, diese Frage der Beschäftigung ist jene Frage, die der anständige, gute Jäger sein Leben lang mit dem Gewehr auf der Schulter trägt, die ihn mehr als einmal zögern läßt, auf das wunderbare Wild zu schießen und ihm den Tod zu bringen, und, zugegeben, mitunter den Gaumen schal werden läßt angesichts des Todes, den er dem bezaubernden Tier gebracht hat.

»Ein ehrliches Ringen zwischen Mensch und Tier«

»... Wer nicht ein Handwerker der Jagd ist, wie der dienst-tuende Jäger ...«

»... der sollte doch an der Jagd noch edleren Wert entdecken ...«

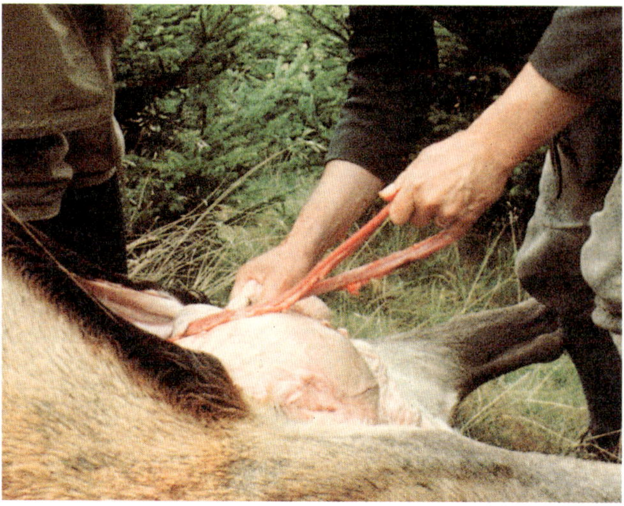

Wer den Wolf ausrottet, muß sein blutiges Geschäft übernehmen. Viele Jäger freilich sehen dieses biologische Geschäft als sakrale Handlung. Es drückt sich in ihrer Sprache schon aus. Dem geschossenen Hirsch wird nicht das Fell abgezogen, er wird aus der Decke geschlagen. Man schneidet ihm auch nicht den Kopf ab. Man schärft ihm das Haupt ab.

Auch diese Jägersprache, so altehrwürdig sie sein mag, mythologisiert den Hirsch und blokkiert nüchternes biologisches Denken. Ich möchte zu bedenken geben, daß es in der Schule des Kieler Haustierforschers Herre, aber auch anderswo, wissenschaftliche Stimmen gibt, die die Domestikation, also die Haustierwerdung des Hirsches für weit fortgeschritten halten. Zum Beweis für diese Annahme führen sie an:

1. die weitverbreitete Gatterhaltung, oder doch die weidetierähnliche Haltung auf begrenztem Raum;
2. die künstliche Zuchtwahl durch den Menschen;
3. die Blutauffrischung durch zugekaufte, per Auto angereiste Zuchthirsche;
4. die regelmäßige, zum Teil ganzjährige wissenschaftliche Fütterung und
5. die Wurmkuren.

Es ist an der Zeit, das Rothirschgeweih als Statussymbol zu entzaubern. Wenn die Renommierjäger mit ihren Knochenschauen an Herrenzimmer- und Kegelbahnwänden à la Helmut Horten endlich niemandem mehr Eindruck machen, weil alle Welt weiß, daß diese Geweihe sehr oft von halbdomestizierten Krippenfressern gewonnen wurden, dann ist endlich das Schußfeld frei für die biologische Jagd.

Die fürstlich Thurn und Taxisschen Hirsche sind die stärksten deutschen. Sie leben in einem 2700 ha großen Gatter bei Regensburg. 15 Stück auf 1000 Hektar. Das ist nahezu das Fünfzehnfache dessen, was Wildbiologen als erträglich ansehen. Die fürstlichen Hirsche hätten den fürstlichen Wald auch längst schon kahlgefressen, böte man ihnen nicht viele mit Grünfutter bepflanzte Waldwiesen und täte man ihnen nicht das ganze Jahr lang Zukost in die Tröge. So sieht dieser Wald so schlecht nicht aus. Doch taugt dies noble Wildrezept einer hirschbesessenen steinreichen Familie nicht als Vorbild. Viele große Rotwildreviere liegen in Staatsforsten.

In knapp fünf Monaten ist das neue Geweih, das sich bis dahin fiebrig-heiß anfühlt, ausgewachsen. Kaum fertig, stirbt es ab. Die durchblutete Haut, die es ernährte, trocknet ein. Der Juckreiz, der von dem absterbenden Gewebe ausgeht, veranlaßt den Hirsch, die in Fetzen gehende Haut an Bäumen abzustreifen. Der Hirsch fegt, sagt der Jäger. Aber er fegt nicht nur die eigene Haut vom Geweih, er fegt auch die Rinde von den Bäumen.

Fürstlich Thurn und Taxissche Hirsche

Wir brechen jetzt unsere Zelte ab. Zwischen Juli und September passiert nichts Aufregendes im Hirschrevier.
Erst mit dem Heraufkommen des Herbstes lösen sich die Rudel der männlichen Tiere auf. Die Hirsche vereinzeln sich. Es ist September. In ihren Hoden, die der Jäger Brunftkugeln nennt, reift das Sperma. Unruhe erfaßt den Wald.
Starke Hirsche treiben sich zur Nachtzeit einen Harem aus weiblichen Tieren zusammen.
Es riecht nach Nebenbuhler.
Man muß die Damen hüten.
Bei Tagesbeginn ziehen sich Hirsch und Harem in den Schutz des Waldes zurück.
Ein Halbstarker taucht auf, angelockt vom Harn der brünstigen Kühe.
Das hat man als Platzhirsch nicht so gern.
Die haremslosen jüngeren Jahrgänge machen mehr spielerisch als ernsthaft ihren Rang aus. Den Sieger erwartet indessen wenig mehr als Ärger mit dem Chef.
Der alte Herr steht auf dunkelhaarig.
Das Deutsch der Jäger muß man hier loben. Sie nennen die Hirschzunge den Lecker.
Doch ist dies nicht der Ort oder die Stunde für Frivolitäten. Der Ernst des Hirschlebens rückt heran, in Gestalt eines kapitalen Rivalen ...
Das Drama endet friedlich. Der Sieger nimmt eine heiße Kuh, der Verlierer einen kühlen Schluck.

Man muß die Damen hüten

Es riecht nach Nebenbuhler

Unruhe erfaßt den Wald

Junge Herren ohne Harem

Der alte Herr steht auf dunkelhaarig

Sind Tiere also doch die besseren Menschen?
Ich meine nicht. Auch in der zur Zeit mit hitziger Polemik geführten Auseinandersetzung zwischen Landschaftspflegern und Jägern muß es keinen Kampf bis aufs Messer geben. Zwar ist ein Wald ohne Wild kein toter Wald. Dieses oft bemühte Jägerwort verrät eine erstaunliche Mißachtung des vielfältigen botanischen Lebens in einer Waldgesellschaft und degradiert den Wald zur Kulisse der Jagd. Sagen wir lieber so: Ein Wald ohne Wild ist ein armer Wald. Niemand will ihn. Niemand auch ist gegen die Jagd.
Doch wenn riesige Erholungsräume wie unsere Alpen oder der Bayerische Wald durch feudalistische Wildansammlungen an den Rand des Ruins gebracht werden, dann ist es an der Zeit, über die Privilegien einiger weniger auf Kosten der Allgemeinheit öffentlich zu reden.
Ich meine, dies ernste Thema war eine knappe Stunde Ihrer stillsten Nacht des Jahres wert. Man rettet den deutschen Wald ja nicht, indem man O Tannenbaum singt.

Nachwort
1988

Es ist, fast auf den Tag genau, siebzehn Jahre her, daß der hier dokumentierte Film ein Millionenpublikum erregte wie kein anderer meiner Filme davor oder danach.
Das lag einerseits an seinem ungewöhnlichen Sendetermin, einem Heiligen Abend. Andererseits an der neuen Information, die er vermittelte. Er machte, ganz im Gegensatz zu allem, was man bis dahin außerhalb der Fachwelt geglaubt hatte, in streckenweis schockierender Bildersprache deutlich, daß unser Wald weit mehr Rehe und Hirsche enthielt, als seiner Gesundheit und Verjüngung zuträglich waren.
Im Schutz der von den Massenmedien geförderten naiven Bambi-Liebe einer ökologisch unauf-

geklärten Öffentlichkeit hatten Jäger zu ihrem Schieß- und Augenvergnügen Wildbestände herangezogen, die den Wald, von dem die Tiere ja weitgehend leben, manchenorts an den Rand einer ökologischen Katastrophe brachten – ganz besonders in den Schutzwäldern der Alpen.
Und dabei war das Wort Waldsterben zu jener Zeit noch nicht erfunden.
Ich war zunächst gar nicht glücklich gewesen über den damals schon kühnen, heute undenkbaren Entschluß der Fernsehdirektion, meinen Film als Kontrastveranstaltung zum O-Tannenbaum-Programm des ZDF zu senden. Es gab dann ja auch Prügel en masse. Heute denke ich anders darüber. Der Heilig-Abend-Termin setzte eine forst- und jagdpolitische Diskussion in Gang, die es ohne den emotionalen Aufmerksamkeitswert dieses Sendetermins sicher nicht gegeben hätte und die bis heute anhält. Es kam vor allem in den Medien zu einem Umdenken und, als Folge einsetzenden öffentlichen Drucks, zu drastischen Erhöhungen der Abschußquoten – meist gegen den erbitterten Widerstand der Jagdlobby.
Ein Münchner Forstwissenschaftler resümierte ein paar Jahre nach der Sendung die Wirkung dieses Films wohl am treffendsten, als er sagte: »Was der deutschen Forstwissenschaft in 50 Jahren des Forschens, Redens und Schreibens nicht gelang, nämlich den Thron Dianas

zum Wanken zu bringen, das brachte dieser Film in 45 Minuten zuwege.«
Leider hat er heute schon wieder mehr als nur ein historisches Interesse zu beanspruchen. Das sogenannte Schalenwildproblem, als dessen Aufreißer er in die deutsche Forstgeschichte einging, ist dank eines nach wie vor weitverbreiteten jagdlichen Egoismus womöglich noch aktueller als vor siebzehn Jahren. Denn inzwischen ist durch die Verschmutzung der Luft das große Siechtum über unsere Wälder hereingebrochen. Und dazuhin verhindert nun der Zahn des regional noch immer viel zu vielen Wildes das Nachwachsen junger gesunder Waldbäume.
Meine vielgescholtene Bemerkung von 1971, der deutsche Wald sei krank auf den Tod, war damals nach allem, was man wußte, gewiß überzogen. Nun aber könnte sie bald schon schreckliche Wirklichkeit werden – dann nämlich, wenn wir dem Wald nicht endlich die Atemluft säubern und den Verbißdruck des zuvielen Wildes von ihm nehmen.
Zwei Nachrichten noch aus jüngster Zeit:
Im November konstituierte sich in München ein neuer Jagdverband, der orthodoxes jagdliches Denken hin zu mehr Ökologie verändern will. In seinem Gründungspapier geißelt er eine, ich zitiere, »das Neurotische streifende Trophäensucht, das protzige Streben nach hohen Jagdstrecken und ein rücksichtsloses Ausschalten

finanziell schwacher Mitbewerber um Pachtreviere.« Zitatende.
Die zweite Nachricht: Zur selben Zeit kündigte der bayerische Staat der Industriellenfamilie Sachs das Jagdrecht in einem staatlichen Pachtrevier auf.
Was der Staat nicht so gerne sagt: Er hatte vor 25 Jahren eben dieser Familie einen schon damals in den roten Zahlen steckenden Teil ihres Bergwalds abgekauft, den Sachsens aber – Gunter und Sohn Rolf – das Jagdrecht darin belassen – für einen jährlichen Pachtzins von 30 000 Mark.
Nicht nur nahm er der Familie damit die Last, er bezahlte ihr auch noch die Lust, denn inzwischen hat der oberste bayerische Rechnungshof die vom hohen Wildbestand verursachten Schäden in diesem Wald mit 1,6 Millionen Mark beziffert. Um nun diesen jagdlichen Lustbarkeitswald zu sanieren, damit seine öffentlichen Schutzfunktionen wirksam sein können, wurden und werden viele Millionen Mark gebraucht – Steuermillionen, versteht sich.

ISBN 3-463-00825-4 · 300 Seiten